elektrisch betriebene S-Bahnstrecken
Bezirksgrenze von Gr.-Berlin
Grenze zwischen Demokr. Berlin u. Westberlin
sonstige
Demokrat. Berlin
Klosterfelde
Wandlitzsee
Wandlitz
Basdorf
Schönwalde (Kr Bernau)
Mühlenbeck (b Bln)
Zepernick (b Bernau)
Bernau (b Bln)
Röntgental
Bln-Buch
Bln-Karow
Bln-Blankenburg
Pankow-Heinersdorf
Schönhauser Allee
Prenzlauer Allee
Greifswalder Str
Leninallee
Zentralviehhof
Frankfurter Allee
Alexanderplatz
Jannowitzbr
Warschauer Str
Ostkreuz
Treptower Park
Nöldnerplatz
Rummelsburg
Betriebsbf Rummelsburg
Karlshorst
Wuhlheide
Bln-Köpenick
Hirschgarten
Bln-Friedrichshagen
Rahnsdorf
Wilhelmshagen
Erkner
Fangschleuse
Hangelsbg.
Fürstenwalde (Spree)
Bln-Lichtenberg
Friedrichsfelde Ost
Biesdorf
Bln-Kaulsdorf
Bln-Mahlsdorf
Hoppegarten (Mark)
Neuenhagen (b Bln)
Fredersdorf (b Bln)
Petershagen (b Bln)
Rüdersdorf (b Bln)
Giebelsee
Strausberg
Strausberg Stadt
Strausberg Nord
Herzfelde
Altlandsberg
Bln-Marzahn
Ahrensfelde
Ahrensfelde Friedhof
Blumberg (b Bln)
Seefeld (Mark)
Werneuchen
Werftpfuhl
Tiefensee
Leuenberg
Sternebeck
Plänterwald
Baumschulenweg
Sonnenallee
Köllnische Heide
Oberspree
Bln-Spindlersfeld
Bln-Schöneweide
Betriebsbf Bln-Schöneweide
Bln-Adlershof
Bln-Grünau
Altglienicke
Falkenhöhe
Schönefeld (b Berlin)
Eichwalde
Zeuthen
Wildau
Königs Wusterhausen

52 6373 (Bw Wustermark) ist mit einem Einheitstender am S-Bahnhof Plänterwald unterwegs, wie er für viele Schlepptenderloks verwendet wurde. Für die Baureihe 52 ist er jedoch eher die Ausnahme gewesen (Juni 1968).

56 217 passiert den geschlossenen S-Bahnhof Bornholmer Straße in südlicher Richtung (Mai 1964).

Ingo Thiele

Dampfloks in Ost-Berlin

Faszinierende Fotografien aus den 60er- bis 80er-Jahren

SUTTON

01 2120 (Bw Dresden) am D 1275 „Metropol“ (Rostock–Budapest, 15. Juni 1974).

Einband vorn: Die Stralsunder 03 0019 steht wenige Tage vor ihrer Abstellung im Januar 1979 mit ihrem D-Zug in Berlin-Lichtenberg.
Vorsatz: Streckenkarte zum Berliner S-Bahn-Verkehr, DR-Kursbuch Sommer 1962.
Seite 3: 44 0616 begegnet in Blankenburg dem mit der S-Bahn zur Stadtgrenze nach Buch fahrenden Fotografen (Januar 1979).
Nachsatz: Das Bahnnetz in Berlin, Eisenbahnverkehrskarte der Deutschen Demokratischen Republik, Ministerium für Verkehrswesen, Januar 1967.
Einband hinten: 52 8101 durchfährt den Bahnhof Pankow Richtung Norden, März 1978.

Impressum

Sutton Verlag GmbH
Arnstädter Straße 8
99096 Erfurt
www.suttonverlag.de

ISBN: 978-3-96303-382-7
Druck: Florjančič Tisk d.o.o. / Slowenien
Gestaltung und Herstellung: Sutton Verlag

In diesem Buch wird aus Gründen der besseren Lesbarkeit das generische Maskulinum verwendet. Weibliche und anderweitige Geschlechteridentitäten werden dabei ausdrücklich mitgemeint, soweit es für die Aussage erforderlich ist.

Inhalt

Vorwort **5**

1. Im Zentrum **7**

2. Am Stadtrand **55**

3. Laufsteg der Dampfrösser **89**

4. Im Bahnbetriebswerk **105**

Bildnachweis **121**

02 0201 fährt mit ihrem Sonderzug aus westlicher Richtung in den Bahnhof Zoo ein. Die modernen Doppelstockwagen hatten das spezielle rot-beige Berliner Design, das ihnen aus Imagegründen für die „Sputnik-Züge" verpasst wurde (30. August 1989).

Vorwort

Berlin – diese Stadt wurde wie kaum eine andere zum Symbol der deutschen Teilung, ja des Kalten Krieges überhaupt, in ihr waren die Machtansprüche der westlichen Alliierten und der Sowjetunion buchstäblich mit den Händen zu greifen. Nachdem ab 1952 die Grenze zwischen DDR und BRD abgeriegelt war, galt dies aber noch nicht für Berlin. So wurde die Stadt zum Zentrum der Fluchtbewegung. Dieser nicht enden wollende Strom der Menschen von Ost nach West führte schließlich zum Bau der Mauer im August 1961. Mauerbau und Grenzkontrollen hatten massive Auswirkungen auf den gesamten Berliner Eisenbahnbetrieb und damit auf das öffentliche Leben insgesamt. Dieser Zustand dauerte 28 Jahre, bis schließlich im November 1989 ein Wunder geschah.

Die Eisenbahn in der sowjetischen Besatzungszone war auf Befehl als Deutsche Reichsbahn nach dem Krieg weitergeführt worden und auch für den gesamten West-Berliner Bahnbetrieb zuständig. Eine Namensänderung wurde zwar erwogen, aber aus Angst vor dem Entzug der Betriebsrechte im Westteil der Stadt bald fallen gelassen. So arbeiteten also West-Berliner Eisenbahner bei der Deutschen Reichsbahn (DR) im Staatsbahn- und S-Bahn-Verkehr und Ost-Berliner im Westen. Alle Bahnanlagen gehörten nach Auffassung der DDR-Regierung zum Hoheitsgebiet der DDR, die auch aus Propagandagründen ein großes Interesse am Erhalt dieses Zustandes hatte. Mit dem Bau der Mauer änderte sich schlagartig alles, nur drei Grenzübergänge blieben für den Fernverkehr übrig. West-Berlin, die DDR sprach jedoch nie von Ost-Berlin, war eine Insel im Eisenbahnverkehr geworden. Um die Durchquerung von West-Berlin zu vermeiden, komplettierte die DR den zu großen Teilen schon bestehenden Berliner Außenring und schuf damit eine Umfahrung West-Berlins, was natürlich zu erheblichen Erschwernissen für die Fahrgäste führte. Züge, die Berlin auf dem Außenring quasi umrundeten, nannte man „Sputniks“ – in Anlehnung an den ersten russischen Satelliten.

In diesem Bildband lassen wir die Ära der Dampfloks im Ostteil der Stadt, der Hauptstadt der DDR, mit einem Blick in die Zeit zwischen den 60er- und 80er-Jahren noch einmal aufleben, als Berlin noch ein Zentrum der Dampftraktion war. Insbesondere in den 70er-Jahren entwickelte sie sich zu einem „El Dorado“ für Dampflokfotografen, traf man hier doch auf eine Fülle von Dampflokbaureihen wie wohl sonst nirgendwo in dieser Zeit. Schnellzugloks der Baureihen 01 Altbau, 01.5 Kohle und Öl, 03 und 03.10 Öl, 50 Öl, 44, 52 Altbau und Reko, um nur die zahlenmäßig meisten zu nennen, waren hier täglich anzutreffen, und mit der S-Bahn für einen Tagespreis von 2 Ostmark war man im gesamten Stadtgebiet ausreichend mobil, ja, die Dampfzüge ließen sich sogar verfolgen.

Aus dem fotografischen Werk von Klaus Kieper, einem bekannten Berliner Eisenbahnfreund, konnte eine Reihe hochinteressanter Schwarz-Weiß-Bilder genutzt werden, und aus dem Archiv von Helmut Dahlhaus stammen qualitativ hochwertige Farbaufnahmen. Ohne diese Zuarbeit wäre ein solcher Band nicht möglich gewesen.

In aller Frühe überquert eine 03.10 Öl mit dem Leerzug zum Ex 1316 am Lehrter Stadtbahnhof den Humboldthafen. Vom Bahnhof Zoo geht es dann als Flügelzug zum Ex 316 „Berlinaren“ zurück Richtung Ostbahnhof. Im Hintergrund der Reichstag.

1

Im Zentrum

Sternförmig laufen die Eisenbahnstrecken auf Berlin zu, kreuzen den Außenring (BAR) und endeten schließlich auf der Stadtbahn im Ostbahnhof bzw. im Bahnhof Friedrichstraße, im Bahnhof Lichtenberg oder in Schöneweide bzw. Karlshorst. Von hier aus starteten auch alle Fernzüge innerhalb der DDR und ins Ausland. Die sogenannte Berliner Stadtbahn ist die viergleisige Strecke, die zwischen dem Ostbahnhof und Charlottenburg durch das Berliner Zentrum führt. Weitgehend als Hochbahn auf Viaduktbögen und Brücken trassiert, schlängelt sie sich durch die Häuserschluchten. Im Februar 1882 eröffnet, dient sie ausschließlich dem Fern- und S-Bahn-Verkehr. Nach dem Mauerbau war diese durchgehende Verbindung unterbrochen und nur internationale Züge passierten die Grenze zwischen Lehrter Stadtbahnhof und Friedrichstraße, Letzterer wurde Abfahrtsbahnhof der Interzonen- und Transitzüge zwischen Ost-Berlin und der BRD. Als einziger Grenzübergang für die Bahn im Zentrum wurde der Bahnhof Friedrichstraße umfangreich für die Grenzkontrollfunktion umgebaut, und bis heute ist die Bezeichnung „Tränenhalle“ bzw. „Tränenpalast“ für den gläsernen Vorbau vor dem Bahnhof bekannt, wo sich Menschen aus Ost und West verabschiedeten.

Der Ostbahnhof wurde auf der Stadtbahn zum verbleibenden Fernbahnhof innerhalb der DDR und der Bahnhof Zoologischer Garten war bis 1976 der einzige für den Fernverkehr in West-Berlin. Nach dem Mauerbau blieb neben dem Bahnhof Friedrichstraße nur der Übergang Wannsee/Griebnitzsee, wodurch die meisten Züge einen erheblichen Umweg fahren mussten. Erst 1976, mit der Eröffnung des neuen Übergangs Staaken/Spandau, wurden die Fahrzeiten kürzer.

Auf der Stadtbahn konnten noch bis Ende der 70er-Jahre auch internationale D-Züge mit Dampfloks der Baureihen (BR) 03.10 bzw. 01.5 beobachtet werden, z.B. der „Meridian“ (D 271/270), der vom schwedischen Malmö bis Belgrad bzw. Bar in Jugoslawien verkehrte, oder der „Ost-West-Express“ (D 241/240) zwischen Paris und Moskau.

Neben der Stadtbahn spielt in Berlin die 1877 fertiggestellte sogenannte Ringbahn eine Rolle, die Bahnstrecke, die das Zentrum kreisförmig umgibt. Die Mauer unterbrach auch hier den durchgehenden Betrieb zwischen Schönhauser Allee und Gesundbrunnen sowie zwischen Sonnenallee und Treptow, der S-Bahn-Verkehr im Westteil verkümmerte zusehends und wurde schließlich 1984 ganz an die Westberliner Verkehrsbetriebe (BVG) abgegeben. In Ost-Berlin verblieb lediglich das Streckenstück zwischen Schönhauser Allee über Ostkreuz zum Treptower Park. In Analogie zum BAR sprach man auch vom Berliner Innenring, freilich nur bezogen auf das oben genannte Stück. Bedeutendster Umsteigebahnhof war Ostkreuz, wo sich die Weiterführung der Stadtbahn (ehemals Schlesische Bahn und Ostbahn) und die Ringbahn auf zwei Ebenen auch heute noch kreuzen. Auf diesem Innenring beförderten Dampfloks der BR 44, 50 Öl und 52 zahlreiche innerstädtische und Ferngüterzüge nach und von Norden kommend sowie Loks der BR 03.10 Öl einige D-Züge nach Stralsund.

01 0532-0

BAHNHOF ZOOLOGISCHER GART
01 0532-0

Oben: Wenige Wochen vor ihrer Umstationierung nach Saalfeld hat 01 0509 (Bw Wittenberge) mit dem D 1332 den Bahnhof Zoologischer Garten (kurz: Bahnhof Zoo) gerade verlassen und rollt nun über die Stadtbahn Richtung Westen, Grenzübergang Wannsee/Griebnitzsee. Die Lok wurde 1985 von den Ulmer Eisenbahnfreunden (UEF) gekauft und ist bis heute in Kooperation mit der Pressnitztalbahn vor Sonderzügen im Einsatz.

Links: Zwei Transitzüge im Bahnhof Zoo: eine gepflegte 01 0532 (Bw Wittenberge) vor dem D 1332 nach Hamburg, während rechts der D 344 aus der Hauptstadt des Ostens in die andere, westdeutsche Hauptstadt mit 118 205 (Bw Magdeburg) gerade ausfährt (17. Juni 1974).

03 0074-9

Perspektiven vom Bahnhof Zoo

Oben: 01 0532 kommt mit D 337 aus Hamburg über die Stadtbahn und fährt gleich in den Bahnhof Zoo ein (19. April 1976).

Links oben: Mit der Morgensonne startet der Tag und mit ihm auch die Ostbahnhofer 01 2226, drei Monate vor ihrer Abstellung, mit dem D 119 aus Aachen zur letzten kurzen Etappe über Friedrichstraße nach Ostbahnhof (23. April 1973).

Links unten: 03 0074, eine von zwei Stralsunder Maschinen mit Oberflächenvorwärmer (und 03 0010), bringt den Zubringerzug Ex 1316 vom Bahnhof Zoo nach Ostbahnhof, wo die Wagen mit dem Hauptzug vereinigt werden und als Ex 316 „Berlinaren" ihre Reise nach Malmö antreten. Die 03 bleibt bis Sassnitz am Zug (Juni 1975).

Diesmal ist die 03 0089 vor dem „Berlinaren" eingesetzt. Die gekonnt umgesetzte Perspektive besticht durch die Kombination von Technik und Geschichte, eine Mahnung an die Technikbegeisterten unter uns (1975).

Von Oktober 1984 bis Sommer 1990 bot die Reichsbahn für West-Berlin ein spezielles Sonderfahrten-Programm mit dem Titel „Informationsfahrten" an. Jeweils eine Woche lang wurde eine Dampflok auf einem Rundkurs zwischen Bahnhof Zoo und Wannsee mit wechselnden Zuggarnituren, meistens eine Doppelstockeinheit, auf die Reise geschickt. Ein voller Erfolg, der reichlich Devisen in die schmalen Kassen der DR spülte. Auf unserem Bild fährt 38 1182 aus dem Bahnhof Zoo Richtung Charlottenburg aus. Ein Parkhaus an der Kantstraße bot einen idealen Platz für Aufnahmen von ein- und ausfahrenden Zügen am Bahnhof Zoo. Folgende Loks kamen zum Einsatz: Den Beginn machte die Berliner Stadtbahnlok 74 1230, es folgten 03 001, 38 1182, 38 205, 01 137, 35 1113, 02 0201, 03 1010 und den Abschluss bildete die 52 6666 (16. März 1986).

Oben: 01 0525 (Bw Wittenberge) auf der Humboldthafenbrücke bei der Einfahrt in den Lehrter Stadtbahnhof. Der „Starenkasten" links diente als Beobachtungsposten, rechts im Hintergrund die namhafte Universitätsmedizin Charité.

Rechts oben: Die 01 0532 (Bw Wittenberge) hat mit ihrem Hamburger Transit-Zug den Lehrter Stadtbahnhof verlassen und ist unterwegs zum Endbahnhof Friedrichstraße. Transit-Züge fuhren ohne Halt durch die DDR, während Interzonenzüge auch für den Binnenverkehr freigegeben waren. Reisende, die aus der BRD in die DDR einreisen wollten, wurden an den Grenzbahnhöfen kontrolliert und konnten dann in Züge des Binnenverkehrs umsteigen. Der Bahnhof Friedrichstraße war einer der am meisten frequentierten Übergangsstellen in die DDR. Rechts die Ruine des ehemaligen Hamburger Bahnhofs, links das Sozialgericht.

Rechts unten: Der gleiche Zug ein paar Meter weiter, der weiße Grenzzaun schlängelt sich auf dem Ostufer des Hafens (Vordere Sperrmauer) am Wasser entlang, die politische Grenze verlief auf dem Westufer.

BAHNHOF FRIEDRICHSTRASSE
S-BAHN, U-BAHN
Selten

01 1531 mit dem D 243 Paris–Warschau am S-Bahnhof Jannowitzbrücke, Ostersonntag, 3. April 1994. An der großen Plandampfveranstaltung „Metropol“ waren beteiligt: 01 1531, 01 2137, 03 1010, 03 2204, 18 201 sowie die polnischen Ol49-99 und Pt47-65 (Bw Wolsztyn). Im Hintergrund zu sehen sind von rechts nach links: Fernsehturm am Alex, Marienkirche, Rotes Rathaus, Altes Stadthaus, Dom und Nicolaikirche.

Links oben: 01 509 im Bahnhof Friedrichstraße, rechts das Stellwerk Friedrichstraße Ost. Das lebendige Bild kann nicht darüber hinwegtäuschen, dass hier zwei Welten aufeinandertrafen, oder besser gesagt, voneinander getrennt wurden. Ab 1964 durften Rentner mit Verwandtschaft im Westen einen Besuchsantrag stellen, 1984 erst wurde diese Möglichkeit allen DDR-Bürgern zu wichtigen Familienanlässen eröffnet (März 1968).

Links unten: Ebenfalls im Rahmen des Plandampfs „Metropol“ ist 03 2204 (Lausitzer Dampflok Club e.V.) unterwegs, hier verlässt sie gerade die Museumsinsel über die Spree (4. April 1994).

01 2050-1

03 2155-4

Ostbahnhofer Ansichten

Oben: 03 0010, die Starlok des Bw Stralsund mit meistens sehr gepflegtem Äußerem und diversem Messing-Zierrat außen wie auf dem Führerstand, ist im Ostbahnhof angekommen und entlässt die Reisenden in die Hauptstadt. Sie war die letzte planmäßig eingesetzte 03 beim Bw Stralsund und wurde mit dem Ausscheiden aus dem Plandienst zur Museumslok (März 1979).

Links oben: 01 2050 (Bw Dresden) steht im Ostbahnhof am D 271 „Meridian", den sie bis Dresden befördern wird, gerade mal eine Woche vor Dampfende Dresden–Berlin mit Altbau 01 (17. September 1977).

Links unten: Abfahrbereit steht 03 2155 (Bw Lutherstadt Wittenberg) im Ostbahnhof vor dem D 565 nach Aue. Dieser Zug war einer der letzten, bei denen noch Doppelstockwagen im Fernverkehr eingesetzt wurden (August 1976).

OSTBAHNHOF
03 0074-9

01 1514-7

Oben: Am Bahnsteig B treffen zwei Exoten zusammen, die 03 0074 und der VT 18.16 (DR 175 004). Von diesem dieselhydraulischen Schnelltriebwagen (bis 160 km/h) wurden acht Stück gebaut, von denen zwei heute noch existieren, einer soll wieder betriebsfähig aufgebaut werden. Im internationalen Verkehr eingesetzt, ist besonders der „Vindobona" nach Wien bekannt geworden. Noch bis Mitte der 80er-Jahre standen sie im planmäßigen Einsatz im Binnenverkehr (März 1978).

Links oben: 03 0074 hat ihren Leerreisezug in die Halle gefahren und setzt nun um. Der Ostbahnhof wechselte mehrmals seinen Namen, von Frankfurter über Schlesischer zum Ostbahnhof, dann Hauptbahnhof und ab 1998 wieder Ostbahnhof (März 1979).

Links unten: Die 01 1514 steht im „Heimatbahnhof" in gepflegtem Zustand vor einem D-Zug nach Dresden (17. Mai 1977).

Nächste Doppelseite:

Links: Im Morgenlicht schiebt sich die schmucke 03 0074 aus dem Wriezener Bahnhof und dampft weiter in Richtung Lichtenberg. Im Hintergrund schmaucht eine 52, daneben heizt eine 01.5 einen Reisezug vor. Blick von der Warschauer Straße zum Ostbahnhof (März 1979).

Rechts oben: 01 1506 bringt einen Leerzug von Rummelsburg zum Ostbahnhof und passiert hier den S-Bahnhof Warschauer Straße.

Rechts unten: Gleicher Ort, andere Blickrichtung. Eine 65.10 ist mit ihrem „Sputnik"-Zug aus Doppelstockwagen im Ostbahnhof zu ihrer Süd-Berlin-Umrundungstour gestartet.

KEIN EINGANG
01 1506-3

Warschauer Straße
DEUTSCHE REICHSBAHN
DEUTSCHE REICHSBAHN

Oben: 91 6281 ist eine Lok vom Typ ELNA 5, eine genormte Bauform für Klein- und Privatbahnen. Im DR-Nummernschema wurde sie in die Baureihe 91 eingeordnet. Vor dem Wagenausbesserungswerk „Frank Stenzer" (Kühlwagen) am S-Bahnhof Warschauer Straße präsentiert sie sich dem Fotografen Klaus Kieper im März 1968. Ausgeliefert an die Straußberg-Herzfelder Kleinbahn, kam sie 1949 zur Reichbahn und war noch bis Juli 1968 im Einsatz (Bw Lichtenberg).

Links oben: Im Kühlwagenwerk rangiert ein weiterer Exot, die 80 003, eine von ehemals 39 Einheits-Rangierloks der Achsfolge C. Die abgebildete Lok war bis 1970 im Einsatz, die letzte ihrer Art ging erst 1980 außer Dienst. Die meisten dieser Loks wurden gegen Ende ihrer Zeit in den Reichsbahnausbesserungswerken (RAW) eingesetzt (April 1968).

Links unten: Ebenfalls im Rangierdienst im RAW „Frank Stenzer" macht sich 93 034, eine preußische T 14, nützlich. Auch sie ist eine der letzten ihrer Art (2. Mai 1970).

032117

Oben: 01 2204 (Bw Dresden) hat mit dem D 924 (Dresden–Berlin–Rostock) das Ostkreuz durchfahren und rollt nun die letzten Meter zum Ostbahnhof. Die schmucke Lok wurde 1977 in den Traditionspark aufgenommen, hatte aber noch einige Jahre Plandienst zu absolvieren (17. April 1976).

Links oben und unten: 01 1518 am S-Bahnhof Warschauer Straße und an gleicher Stelle die 03 2117, die nach ihrer Abstellung noch einmal im März 1978 reaktiviert wurde und für einen Monat im Einsatz war, somit die letzte Berliner 03 im Plandienst. In Güsten fand sie eine neue Heimat und beendete ihre aktive Zeit schließlich im Bw Oebisfelde im September 1980. Die 01 1518 beschloss ihr mobiles Leben im Februar 1981 als Heizlok im Bw Saalfeld (März 1978).

Nächste Doppelseite:

Links oben: Mit Volldampf in den frühen Morgen: 01 2165 (Bw Ostbahnhof) hat am S-Bahnhof Warschauer Straße mit dem Städteschnellverkehr D 171 ihre Fahrt nach Dresden angetreten (24. August 1976).

Links unten: 01 0532 bringt den Hamburger Leerzug nach Rummelsburg und unterquert dabei die Südringbrücke in Ostkreuz.

Rechts: 01 1511 mit D 370 „Pannonia Express" (Sofia–Berlin) am 17. April 1976 (oben) und 01 2050 mit D 924 am 17. September 1977 im Bahnhof Ostkreuz.

Zum Bahnsteig A
IN RICHTUNG:
Ostbahnhof,
Alexanderplatz,
Friedrichstraße
Pankow,
Blankenburg

01 1511-3

01 2050-1

52 8066-4

03 2058-0

032162-0

DDR und UdSSR – für ewig fest verbunden

Oben: Ein besonderer Spaß für die Fotografen war das von uns sogenannte S-Bahn-Surfen. Immer wieder kam es vor, dass man während der Fahrt mit der S-Bahn einem Dampfzug begegnete und weit aus dem Fenster gelehnt ein Bild machte. Überführung der Fern- über die S-Bahn-Gleise am Treptower Park in Richtung Ostkreuz (März 1978).

Links oben: Tender voran rollt die Altbau 52 3410 (Bw Schöneweide) am S-Bahnhof Treptower Park gen Süden (März 1978).

Links unten: Eine Schwesterlok gleichen Typs überquert die Puschkinallee am S-Bahnhof Treptower Park (März 1978).

Vorherige Doppelseite:

Links: Den Bahnhof Ostkreuz Oberer Bahnsteig passieren 52 8066 (Bw Wustermark) nach Norden im März 1978 (oben) und 03 2058 (Bw Leipzig Hbf West) mit dem aus Lichtenberg abgeholten Leerreisezug nach Schöneweide zum D 567 (17. September 1977).

Rechts: Im Abstand von zwei Minuten passieren 03 2126 als Lz (Lokzug) und 01 1518 mit einem Leerzug den S-Bahnhof Rummelsburg.

35 1097-1

03 2254-5

03 2126-5

50 0032-8

03 2067-1

die Letzte
03 2155-4
Fahrt

Oben: 03 2254 (Bw Leipzig Hbf West) mit dem aus Reko-Wagen gebildeten D 567 nach Leipzig an einem Bahnübergang am Bw Schöneweide. Der Fahrer der „Simme" (Motorrad der Marke „Simson") steht gegenüber am Fernsprecher, was mag er dort wohl gesprochen haben, angesichts der mit Kameras bewaffneten Fotografen auf der Brücke? (31. Juli 1978)

Links oben: 03 2067 (Bw Lutherstadt Wittenberg) hat mit ihrem Personenzug P 3516 Schöneweide erreicht (März 1978).

Links unten: Zum letzten Mal ist der P 3516 aus Halle mit 03 bespannt, hier von der Bw-Brücke in Schöneweide im Bild festgehalten, mit der Rückleistung endete der Plandienst der 03 in Wittenberg (26. Mai 1979).

Vorherige Doppelseite:

Links oben: 35 1097 (Bw Lichtenberg) hält am Bahnhof Baumschulenweg. Noch heute erfreut sich die Lok bester Gesundheit und befördert in der Obhut der IG 583047 e.V. im ehemaligen Bw Glauchau Sonderzüge zu zahlreichen Anlässen.

Links unten: Pünktlich auf die Minute hält 03 2254 mit dem P 3516 am Bahnsteig in Schöneweide und setzt sich sogleich mit dem Leerzug wieder in Bewegung nach Lichtenberg Abstellgruppe (2. April 1979).

Rechts: 03 2126 (Bw Leipzig Hbf West) steht vor dem D 567 nach Reichenbach in Schöneweide im März 1978 (oben) und in der Gegenrichtung bringt 50 0032 (Bw Angermünde) ihren Kesselzug am 24. Mai 1980 in Schwung.

Fernbahnsteig

B 2

B 2

03 0059-0

Oben: 50 0035 mit einem der typischen Kesselzüge am Haken im Einschnitt an der Prenzlauer Allee (Mai 1978).

Links oben: 03 0059 mit dem D 1713 (Binz–Leipzig) im Bahnhof Greifswalder Straße (30. Juli 1978).

Links unten: Der „Goldbroiler" 03 0010 durchfährt den S-Bahnhof Prenzlauer Allee mit dem D 814 zur Ostsee (April 1978).

Vorherige Doppelseite:

Links oben: 03 2126 hat den D 562 (Plauen–Berlin) ab Leipzig bis Schöneweide gebracht (März 1978).

Links unten: 03 2153 (Bw Lutherstadt Witenberg), abfahrbereit in Schöneweide, wird den P 3517 nach Halle bringen (1979).

Rechts oben: 52 3546 und eine Schwesterlok mit einem Arbeitszug im Bahnhof Frankfurter Allee. Die FDJ scheint sich mehr für den Fotografen zu interessieren (1968).

Rechts unten: Tender an Tender vereint warten 65 1019 und 1003 im Bahnhof Frankfurter Allee auf die Weiterfahrt, dahinter ist die Rauchkammer der 52 2226 gerade noch zu erkennen (August 1968).

Oben: 52 7178 ist mit ihrem Gz auf dem Ostring von Schönhauser Allee nach Pankow unterwegs und kreuzt dabei die alte S-Bahn-Strecke nach Gesundbrunnen. Im Vordergrund der Grenzzaun, genau hier wurde 1961 die Verbindung in den Westen nach Gesundbrunnen gekappt und mit Hilfe der „Ulbricht-kurve" die direkte Verbindung für den Osten nach Pankow geschaffen (Juli 1976).

Lichtenberg im Zug der Zeit

Rechts oben: Der Bahnhof Lichtenberg war neben dem Ostbahnhof der zweite große Fernbahnhof in Ost-Berlin. Von hier starteten die Züge vornehmlich nach Norden und Osten. Die Pasewalker 03 2123 steht vor dem D 2016, während 01 0513 aus dem Bw gekommen ist und auf Weiterfahrt wartet (16. Juli 1970).

Rechts unten: Als eine von acht Maschinen der BR 01.5 erhielt 01 513 bei ihrer Rekonstruktion aus der 01 152 die sogenannten Boxpok-Räder statt der normalen Speichenräder. Die amerikanische Erfindung führte zu Gewichtsersparnis, wenn es auch auf den ersten Blick nicht so aussehen mag, und wurde sogar bei russischen Lokomotiven verwendet. Die DR-Versionen bewährten sich allerdings nicht und die Lokomotiven wurden bis 1974 alle wieder umgerüstet. Auf dem Durchfahrtsgleis warten 52 3261 und 55 2887 (beide Bw Ostbahnhof, 16. Juli 1970).

01 0513-0
03 2123-2

01 513

Oben: Kraftvoll beschleunigt 03 0090 den D 514 nach Stralsund in Richtung Innenring (26. Mai 1979).

Links oben: 01 1512 holt den Leerzug für den E 314 nach Stettin aus der Lichtenberger Abstellgruppe unter den Augen zahlreicher erwartungsvoller Fahrgäste. Der Bahnhof befindet sich in der Umbauphase, er erhielt einen dritten Bahnsteig und ein neues Empfangsgebäude, das 1982 in Betrieb ging (28. Juli 1979).

Links unten: 03 0089 steht noch vor den Umbauarbeiten am Bahnsteig in Richtung Außenring (8. Januar 1976).

Nächste Doppelseite:

Links oben: 55 5606 (Bw Ostbahnhof) im Rangierdienst (August 1968).

Links unten: Während 03 0010 mit dem D 814 den Bahnhof Berlin-Lichtenberg über den Innenring Richtung Norden verlässt, kommt ihr 03 2254 entgegen, die gleich den Gex 2653 nach Leipzig bespannen wird (2. April 1979).

Rechts oben: 23 1110 (Bw Lichtenberg) kommt aus dem Bw und wartet auf das Rangiersignal zur Weiterfahrt (26. Juni 1968).

Rechts unten: 01 1518 holt ihren Leerzug unter den strengen Augen ihrer Ablösung aus der Abstellgruppe (März 1978).

132 489-6

62007

03 1010

Oben und links oben: Kurz vor der Umzeichnung in 62 1007-4 (Bw Frankfurt/Oder) steht 62 007 am Lichtenberger Bahnsteig. Zu diesem Zeitpunkt, April 1970, waren von den 15 gebauten Maschinen nur noch drei Maschinen bei der DR im Einsatz (Einsatzstelle Wriezen). Die 62 015 blieb erhalten.

Links unten: Vor der Umzeichnung ab 1970 bei der DR hieß die Lok natürlich 03 1010. Hier wurde gerade ein selbstgebautes Schild mit Genehmigung des Lokpersonals über die aktuelle Loknummer gehängt, natürlich nur für das Foto am Bahnsteig (März 1979).

Vorherige Doppelseite:

Links oben: Eine Wriezener P 8 hat gerade Lichtenberg verlassen und rollt an den S-Bahn-Hallen in Friedrichsfelde Ost vorbei (Mai 1968).

Links unten: 01 1512 läuft mit dem E 315 in den Bahnhof Lichtenberg ein (22. März 1978).

Rechts oben: 50 3145 (Bw Schöneweide), als Einzelstück etwa zwei Jahre von 1980 bis 1982 in Berlin stationiert, zieht den Leerzug für den DMV-Sonderzug ins Oderland aus der Lichtenberger Abstellgruppe zur Bereitstellung am Bahnsteig (17. Oktober 1981).

Rechts unten: 74 1230 mit dem Veltener Traditionszug am Bahnhof Ostkreuz, von Lichtenberg kommend. Im Juni 1985 gab es eine Fahrzeugausstellung zum Jubiläum „150 Jahre Deutsche Eisenbahn" auf dem Wriezener Güterbahnhof mit Pendelzügen nach Werneuchen (11. Juni 1985).

Deutsche Reichsbahn
03 0077-2

Links und oben: Im März 1978 treiben sich zwei Jugendliche aus Westfalen im Ost-Berliner Dampfland herum. Dabei treffen sie in Lichtenberg auf den abfahrbereiten Schnellzug nach Stralsund. Die Zuglok 03 0077 wird aus allen erdenklichen Positionen im Bild festgehalten, auch das Personal. Ob man wohl an ein paar Bildern interessiert sei, aber natürlich, und die Stralsunder Adresse des Heizers Ernst Ritter (links an der Tür) flattert auf der Innenseite einer F6-Schachtel zu uns herab. Es war unsere Eintrittskarte in die DDR, dem Land unserer Träume. Mit einer „Hundehütte“ (Zelt) bewaffnet, tourten wir im Sommer des Jahres durch die gesamte DDR und lernten viele, sehr gastfreundliche Menschen kennen (März 1978).

Nächste Seite:

Zum Schluss noch einmal zwei Aufnahmen von Klaus Kieper, aber diesmal in Farbe, entstanden im August 1968. 55 3634 beim Rangiergeschäft in Lichtenberg. Eine Hauptaufgabe dieser Maschinen war das Weg- und Bereitstellen der Leerzüge. Die letzte G 8.1 wurde bei der DB 1972 außer Dienst gestellt, in etwa zeitgleich mit der DR.

55 3634

2

Am Stadtrand

Durch das Ost-Berliner Stadtgebiet führt ein Teil des Außenrings zwischen Schönefeld Flughafen und dem Karower Kreuz. Güterzüge aus dem Stadtgebiet wie aus dem Umland waren hier mitunter in dichter Zugfolge anzutreffen, dazwischen D- und Personenzüge auf dem Weg in die Stadt bzw. hinaus. Angelegt, um die nach Berlin führenden Strecken miteinander zu verbinden, und im Wesentlichen für den Güterverkehr gedacht, entwickelte sich der Außenring insbesondere nach dem Mauerbau zu einem unverzichtbaren Element im Ost-Berliner Eisenbahnnetz und war im südlichen Teil eine der am stärksten belasteten Strecken in der DDR. Durch die Sperrung der innerstädtischen wie auch der Grenzbahnhöfe am West-Berliner Stadtrand 1961 führte z.B. eine Fahrt von Berlin (Ost) nach Potsdam nicht mehr durchs Stadtzentrum, sondern über den südlichen Außenring. Diese „Sputnik“ genannten Züge gab es bis 1991.

Fotografisch besonders attraktiv waren natürlich die noch zahlreichen dampfgeführten Schnell- und Personenzüge in den 70er-Jahren. In Berlin trafen sich Schnellzugloks der Baureihen 03, 01.2, 01.5 und die Personenzuglok BR 35 aus fast allen Richtungen des Umlandes. Noch Anfang 1979 waren etwa 25 Personen- oder D-Züge täglich mit Schnellzugdampflok bespannt. Bis 1975 kamen Rostocker 01.5 Öl nach Berlin, im September 1977 endete der Einsatz von Dresdener 01 Altbau in die Hauptstadt, Wittenberger 01.5 Öl waren bis Sommer 1977 präsent, die letzte Leipziger 03-Leistung war im September 1978, im Mai 1979 fuhr der letzte Personenzug der Lutherstadt Wittenberger mit ihren 03 nach Berlin, kurz zuvor hatte der planmäßige Einsatz der Saalfelder 01.5 Öl vor dem Autoreisezug D 1100/1101 geendet (noch bis Mitte 1981 kamen vereinzelt Saalfelder 01.5 nach Berlin vor Entlastungszügen) und Ende 1979 verabschiedete sich auch die Pasewalker 01.5 Öl vor den D-Zügen 718/917 von und nach Berlin. Hinzu kamen natürlich die Leistungen der Berliner Loks des Bw Ostbahnhof, 01.5 Kohle und Altbau-01 vor Zügen nach Stettin und Dresden, der letzte „Gedania“ E 314/315 und damit die letzte Berliner Schnellzug-Dampfleistung fuhr am 30. September 1979.

Aus Richtung Leipzig und Dresden kamen die Züge über das Grünauer Kreuz und endeten in Schöneweide bzw. Ostbahnhof. Von Schöneweide wurden die Leerzüge dann nach Lichtenberg gefahren, meistens mit der Zuglok, und vom Ostbahnhof nach Rummelsburg. Beispielhaft hier ein Stralsunder 03-Umlauf mit 03 0085 im Sommerfahrplan 1979: Dienstbeginn 23.30, 1.00 Uhr Lz von Stralsund nach Saßnitz, Übernahme des D 319 nach Berlin-Ostbahnhof – Leerreisezug 319 nach Rummelsburg – Ruhe 10.00 bis 15.00 Uhr – Lzz 814 (Abholung des Leerreisezuges aus Rummelsburg) nach Ostbahnhof – 16.28 Uhr D 814 nach Stralsund (20.16 Uhr planmäßige Ankunft, Dienstende 22.00 Uhr). Mit den fünf Stunden Ruhe zwischen den Zügen sammelten sich in dieser Schicht also 17,5 Stunden Arbeitszeit an, ein erhebliches Pensum auch auf einer ölgefeuerten Dampflok.

50 0011-2
H
24 x Kurzzug

Oben: 44 0182 (Bw Eberswalde) durchfährt den Bahnhof Blankenburg Richtung Pankow. Die Lok befindet sich heute in Obhut der Eisenbahnfreunde Traditionsbahnbetriebswerk Staßfurt e.V. Fotostandpunkt ist der alte Bahnsteig der Heidekrautbahn nach Basdorf (8. März 1980).

Links oben: 50 0011 (Bw Angermünde) bringt einen Zug vom VEB Petrolchemisches Kombinat Schwedt in den S-Bahnhof Pankow-Heinersdorf (24. Mai 1980).

Links unten: Ebenfalls durch Pankow-Heinersdorf rollt 50 0029 stadteinwärts (28. Juli 1979).

Oben: Diesmal gibt es eine Parallelfahrt mit 44 0616 zwischen Blankenburg und Buch. Nach Überholung des Güterzuges war es eine Sache von Sekunden, die S-Bahn zu verlassen und die Kamera im letzten Abendlicht in Anschlag zu bringen (Januar 1979).

Links oben: 50 0035 bringt ihren Kesselzug nach Berlin in Blankenburg nach Signalhalt wieder in Fahrt (März 1979).

Links unten: 52 7178 (Est Lichtenberg) begegnet in Blankenburg auf dem Weg nach Norden einen Monat vor ihrer Abstellung den in Gegenrichtung S-Bahn fahrenden Kameras (Januar 1979).

Oben: Am 31. Mai 1980, dem letzten Plantag der 03.10 Öl des Bw Stralsund, war es selbstverständlich Sache des „Paradepferdes“ 03 0010, den Umlauf D 813, hier im Bild beim Karower Kreuz, und D 914 zurück nach Stralsund zu befördern.

Rechts oben: Eine Woche vorher kommt die gleiche Lok mit dem D 914 nach Norden im Karower Kreuz ins Blickfeld. Der Zug befährt gerade die Verbindungskurve vom BAR Richtung Bernau, die Gleise im Vordergrund gehören zum BAR, rechts die Verbindungskurve Blankenburg-BAR (24. Mai 1980).

Rechts unten: In der entgegengesetzten Blickrichtung wechselt 50 0028 vor der wartenden 118 auf den BAR (29. März 1980).

Nächste Doppelseite:

Links oben: 35 1029 (Bw Neubrandenburg) mit einem Gex bei Malchow (22. April 1973).

Links unten: 44 0351 müht sich auf dem Außenring am Block Wartenberg Richtung Karow (2. August 1980).

Rechts oben: 03 0090 mit dem D 813 auf dem BAR in Bergfelde. Der Fotograf befindet sich bereits außerhalb des Ost-Berliner Stadtgebietes, das von West-Bürgern nicht verlassen werden durfte. Aber wer wusste schon so genau, wo die Grenze verlief … (4. Juni 1979).

Rechts unten: 01 1514 mit dem E 315 „Gedania“ am Karower Damm (25. August 1979).

52 8100-1

50 0040-1

Oben: Auch diese schöne Szene hat Klaus Kieper im Bild festgehalten. Die Ausfahrt ist gezogen, doch ehe die Kelle nicht von weiblicher Hand erhoben wird, passiert nichts, warum auch, ist doch schön hier. Der D 514 nach Stralsund in Bernau (März 1975).

Links oben: Die Schöneweider 52 8100 auf der ehemaligen Industriebahn Tegel–Friedrichsfelde in Hohenschönhausen. Die Lok steht heute im ehemaligen Bw Falkenberg oberer Bahnhof (März 1979).

Links unten: 50 0040 fährt mit ihrem gemischten Güterzug durch den Bahnhof Zepernick, auch der liegt bereits außerhalb der Stadtgrenze. Der Verfasser kann sich noch gut des mulmigen Gefühls erinnern, als man sich plötzlich im Eifer des Gefechts in Oranienburg wiederfand und schleunigst die nächste S-Bahn zurück nahm. Immerhin hatte ein fußläufiger Aufenthalt im Karower Kreuz vor wenigen Stunden zu Verhaftung und Verhör geführt – mit der abschließenden Warnung vor weiteren Regelverstößen (30. April 1980).

52 2523

52 2662-6

62 1007-4

62 1007-4

Ahrensfelder Dampflok-Alltag

Oben und links: Sie wird die letzte ihrer Art sein, die 1972 außer Dienst geht. 62 007, oben gerade noch mit alter Nummer, hat ihren aus Reko-Wagen bestehenden Vorortzug von Wriezen nach Berlin-Lichtenberg in Ahrensfelde zum Stehen gebracht. In diesem Berliner Vorort lebte Klaus Kieper, dem wir diese Bilder zu verdanken haben. Links unten sehen wir sie bei der Ausfahrt aus Ahrensfelde Friedhof (Juni 1970).

Vorherige Doppelseite:

Links oben: 38 2500 (Bw Frankfurt, Est Wriezen) bei der Ausfahrt aus Ahrensfelde Friedhof (Februar 1968).

Links unten: 65 1017 mit ihrem herrlichen Donnerbüchsenzug auf dem Weg nach Norden kreuzt in Ahrensfelde mit 52 8118 (Mai 1970).

Rechts oben: 52 2523 mit einem alten Abteilwagenzug, der ursprünglich für den Berliner S-Bahn-Verkehr entwickelt wurde, auf dem Weg nach Frankfurt.

Rechts unten: 52 2662 mit gleichem Wagenmaterial in Richtung Berlin (22. September 1970).

Alle abgebildeten Maschinen waren zum angegeben Zeitpunkt im Bw Frankfurt/Oder beheimatet.

55 1045-7

65 1055-6

Oben: 64 403 (Bw Schöneweide, Est Königswusterhausen) wartet auf den Abfahrtsauftrag im Heimatbahnhof. Noch trägt sie das alte Vorkriegslokschild. 1973 wurde sie in Salzwedel ausgemustert (6. Juli 1967).

Rechts oben: An der Stadtgrenze in Berlin-Buch kann der Lokführer der 03 0075 den Regler voll öffnen und Tempo machen, 120 km/h waren auf Streckenabschnitten nach Stralsund möglich (März 1979).

Rechts unten: Von Norden rollt 50 0035 durch den Bahnhof Buch. Kesselzüge zur Versorgung der Hauptstadt mit Brenn- und Kraftstoffen waren für die Eberswalder und Angermünder Maschinen tägliches Brot (Januar 1979).

Vorherige Doppelseite:

Links oben: Nach kurzem Halt in Ahrensfelde Friedhof startet 65 1045 (Bw Frankfurt/Oder) zur Weiterfahrt nach Lichtenberg (Mai 1973).

Links unten: Auch für 38 3971 (Est Wriezen) geht es nach dem Halt in Ahrensfelde Friedhof weiter in Richtung Berlin (März 1970).

Rechts oben: 65 1055 verlässt den Bahnhof Marzahn mit einem Zug nach Wriezen (16. Juni 1974).

Rechts unten: Ebenfalls bei Marzahn kommt die Frankfurter 52 6355 mit dem P 19907 nach Wriezen daher (14. April 1974).

50 0035-1
943

Oben: 50 0025 kesselt durch Buch nach Norden (Januar 1979).

Rechts oben: 01 1514 rollt mit dem E 315 am S-Bahnhof Springpfuhl vorbei zum Zielbahnhof Lichtenberg (23. Juni 1979).

Rechts unten: Mit einem endlosen Kesselzug kommt 44 0182 von Wuhlheide auf dem Weg nach Norden am S-Bahnhof Springpfuhl vorbei. Am 16. April 1982 hatte diese Lok ihren letzten Dienst, beim Bw Eberswalde, und damit war sie die letzte 44 Öl der DR im Plandienst. 1982 wurde sie auf Kohlefeuerung umgebaut und befindet sich heute in Staßfurt (30. April 1980).

Nächste Doppelseite:

Links oben: Die Schöneweider 52 8048 zieht am Bahnhof Springpfuhl vorbei nach Norden. Die Bautätigkeit in den Ost-Berliner Randbezirken war hier besonders auffällig (28. Juli 1979).

Links unten: In Gegenrichtung rauscht 03 0010 mit dem D 813 von Binz/Rügen die letzten Meter zum Zielbahnhof Lichtenberg am S-Bahnsteig vorbei (30. April 1980).

Rechts oben: 52 8135 (Bw Brandenburg) hat Güter für die Hauptstadt am Haken. Bis Ende 1990 war sie noch als Heizlok im Einsatz, heute ist sie Denkmal an der TH Berlin-Wildau (28. Juli 1979).

Rechts unten: Richtung Heimat ist 03 0059 mit dem D 814 in Springpfuhl unterwegs (30. Juni 1979).

Bkn
SPRINGPFUHL

8
4

Bkn

Sgp

8
4

118 222-9

03 2121-6

Oben: 01 2207 (Bw Dresden) biegt mit dem D 925 (Rostock–Dresden) im Wuhlheider Kreuz auf den südlichen Außenring ab. Von einer Fußgängerbrücke ließen sich dort die südlich fahrenden Züge gut beobachten. Der Fotograf Helmut Dahlhaus lässt auf den folgenden Seiten die Züge nur so an uns vorbeirauschen und vermittelt damit einen Eindruck von der Vielzahl und Vielfalt dampfbespannter Schnell- und Güterzüge Mitte der 70er-Jahre in Ost-Berlin (14. April 1974).

Links oben: Mit dem gleichen Zug kommt hier 01 1515 um die Ecke, zum Unglück des Fotografen mit 118 Vorspann. Heute mag man das vielleicht etwas anders sehen (29. März 1975).

Links unten: 03 2121 (Bw Leipzig Hbf West) bringt den schweren Doppelstockzug D 565 (Berlin-Aue) bis Leipzig (29. März 1975).

Nächste Doppelseite: Zwischen Grünauer Kreuz und Schönefeld

Links oben: 35 1019 (Bw Elsterwerda) mit P 3705 (Berlin–Dresden).

Links unten: 02 2242 (Bw Oebisfelde) mit D 644 (Wolgast–Magdeburg–Halberstadt).

Rechts oben: Als Nächstes folgt die 52 1505 vom Bw Schöneweide mit einem Schotterzug.

Rechts unten: 01 1512 mit D 371 („Pannonia Express").

Alle Züge fahren am 14. April 1974 Richtung Schönefeld stadtauswärts.

35 1019-5

03 2242-0

52 1505-8

01 1512-1

52 4826-5

01 1516-2

Oben: 35 1053 (Bw Lutherstadt Wittenberg) bringt den P 3517 nach Halle. Mit dem Winterfahrplan 1976/77 endete der Einsatz der Neubauloks in Wittenberg, als Ersatz kamen 03 bis Mai 1979 (15. Juni 1974).

Links oben: 52 4826 (Bw Wustermark) ist mit einem schweren Kohlezug in südlicher Richtung nach Schönefeld unterwegs (16. Juni 1974).

Links unten: An gleicher Stelle kommt der D 379 „Istropolitan" am 17. September 1977 auf dem Weg nach Dresden entgegen, geführt von 01 1516. Zwei Monate später, am 27. November 1977, ereignet sich mit dieser Lok ein schweres Unglück, sie explodiert am Bitterfelder Bahnsteig. Durch unsachgemäße Behandlung des Lok-Personals bei zu niedrigem Wasserstand im Kessel kam es beim Anhalten zur schlagartigen Verpuffung des Wassers, wodurch sich der gesamte Langkessel vom Rahmen löste und nach vorne geschleudert wurde, neun Menschen starben.

35 1055-9

Am südlichen Außenring

Oben: 01 1518 befördert den D 379 („Istropolitan", Berlin–Bratislava) bis Dresden: Dieser Zug wurde in der Regel aus Wagen der CSD (Československé státní dráhy, Tschechoslowakische Staatsbahn) gebildet (30. März 1975).

Links oben: 35 1055 (Bw Elsterwerda) mit dem Personenzug 3707 nach Dresden (12. April 1974).

Links unten: 35 1004 (Bw Lutherstadt Wittenberg) mit dem P 3517 nach Halle (3. Juli 1976).

Oben: 01 2066 mit dem D 673 auf dem Weg nach Dresden am Außenring bei Altglienicke (17. September 1977).

Rechts: Ein besonderes Kapitel der Eisenbahngeschichte ist mit den beiden Bildern rechts verbunden. Zu sehen ist die 80 009, die als Werklok im RAW Engelsdorf ihren staatlichen Einsatz beendete. Der Lokführer Klaus Hollenbach kaufte die Maschine gegen Ersatz des Schrottwertes und transportierte sie in seinen Garten, wo sie noch heute im selbstgebauten Lokschuppen steht. Auf der sogenannten Kerosinbahn von Grünau zum Flughafen Schönefeld war sie am 18. Oktober 1981 zum letzten Mal unter Dampf außerhalb seines Gartengeländes unterwegs.

Nächste Seite:

Oben: 52 1228 (Bw Wustermark) im Bahnhof Schönefeld, der insbesondere nach dem Mauerbau eine große Bedeutung für den Fernverkehr als Umsteigebahnhof hatte (Juni 1975).

Unten: Den Abschluss bildet noch einmal Königswusterhausen mit einem Blick in die Einsatzstelle, die Schöneweider 64er einsetzte. 64 405 und eine weitere Schwesterlok sind anwesend (6. Juli 1967).

80 009
P

80 009

52 1228-7

64 405

3
Laufsteg der Dampfrösser

Es gab in Berlin zwei Stellen, an denen die Bahntrasse sehr nahe an der Mauer verlief. Dadurch ließen sich von West-Berliner Gebiet aus die Züge auf Ost-Berliner Gleisen fotografieren. Das war zum einen am S-Bahnhof Bornholmer Straße und zum anderen an einem Stück zwischen Treptower Park und Plänterwald der Fall. Am ehemaligen S-Bahnhof Bornholmer Straße, der ab 1961 aufgegeben und zu einer der sieben innerstädtischen Grenzübergangsstellen wurde, ließen sich Bilder von der Wedding und Prenzlauer Berg verbindenden (oder trennenden …) Bösebrücke aus auf Züge hinter dem Drahtgitterzaun aufnehmen, der direkt zwischen den westlichen S-Bahn-Gleisen und den östlichen Ferngleisen stand. Die besondere Situation dort war dadurch gekennzeichnet, dass die Sektorengrenze quer über die Brücke verlief (die ersten 40 Meter der Brücke lagen noch auf West-Berliner Gebiet) und der Bahnhof zum Osten gehörte. Am 9. November 1989 ging dieser Grenzübergang in die Geschichte ein, hier hob sich der erste Schlagbaum in die Freiheit. Heute verläuft hier der Mauerweg. Vom westlichen Teil der Brücke konnte man also hinüberfotografieren auf die Züge hinter dem Drahtzaun, der zwischenzeitlich auf drei Meter angewachsen war und schließlich zur Betonmauer wurde. Noch besser ließ sich das in der Nähe des S-Bahnhofs Plänterwald umsetzen, allerdings war dazu ein Teleobjektiv nötig.

Der Fotograf Dietrich Richter hat sich im Gebiet des Treptower Güterbahnhofs auf die Lauer gelegt und die vorbeifahrenden Lokomotiven eine nach der anderen auf die Platte gebannt. Da er diese Tätigkeit schon Mitte der 60er-Jahre aufnahm, kommen so einige Schätzchen vorbei, die es wert sind, auf dem „Laufsteg" präsentiert zu werden. Lediglich Loks der BR 01.5 Öl fuhren hier nicht vorbei, ansonsten ließ sich wohl so alles blicken, was Ende der 60er- bis Anfang der 70er-Jahre in Ost-Berlin im Einsatz war.

Wenn man sich diese Fülle an Lokomotivtypen vergegenwärtigt und mit heute vergleicht, wird deutlich, wie eintönig das Lokgeschehen geworden ist. Wir sehen im Folgenden fast alle Varianten der BR 52, die 35 bzw. 23, 01 Altbau, 01.5 Kohle, 03 und 03.10 Öl, 44 Kohle und Öl, 38, 65, 22, 50 Öl und 50.40, die Neubaulok. Anspruch auf Vollständigkeit erhebt diese Zusammenstellung natürlich nicht, denn außer den gezeigten Baureihen waren in Ost-Berlin noch einige preußische Exemplare unterwegs, vornehmlich im Rangierdienst, z. B. die G 8.1 (BR 55), G 8.1 mit Laufachse (BR 56) und die T 14 (BR 93).

Der Verfasser stellt sich auch den Fotografen vor, wie er an unzähligen Tagen auf seinem Posten hockt wie der Kirmes-Besucher am Luftgewehr-Schießstand. Gedankt sei auch ihm für diesen Blick in die Vergangenheit.

Westlicher Fotostandpunkt Treptower Güterbahnhof

Oben: 01 204 (Bw Dresden) rollt mit ihrem Leerzug Richtung Schöneweide. Von Dresden ging sie zunächst 1980 nach Saalfeld, und schließlich wurde sie zur kleinen Sensation, als sie im Oktober 1981 vom Bw Wismar planmäßig für einige Monate eingesetzt wurde (14. September 1969).

Links oben: 01 137 (Bw Dresden) ist in Gegenrichtung unterwegs. Die Maschine war ab 1980 Traditionslok, stand bis 1981 im Plandienst und war letztlich bis 2000 betriebsfähig (4. August 1969).

Links unten: 03 098 trägt am Windleitblech die Aufschrift „Jugendplan Bw Leipzig Hbf West" (Juli 1967).

Nächste Doppelseite:

Links oben: 1974 zeichnet sich bereits der Traktionswandel deutlich ab, immer mehr Leistungen wurden von den Dieselloks der BR 118 und 132 übernommen. 01 1511 und 118 382 (Bw Leipzig Hbf Süd) am 14. April 1974.

Links unten: 03 001 (Bw Halle P) gehörte zum Fahrzeugpark der VESM (Versuchs- und Entwicklungsstelle Maschinenwirtschaft) in Halle (Juli 1967).

Rechts oben: Die Altbaumaschine 03 172 (Bw Cottbus) hatte die Ehre, den Planbetrieb der 03 beim Bw Görlitz 1978 zu beenden (23. September 1969).

Rechts unten: Auch 03 1010 (Bw Halle G) war Versuchslok bei der VESM Halle (3. August 1969).

Oben: 22 056 (Bw Halberstadt) hat den Leerzug zum E 342 nach Aschersleben am Haken, gekommen ist sie mit dem E 341. Sie war eine der letzten Halberstädter 22er und ging 1970 noch nach Saalfeld, wo schließlich 1971 die Zeit der Reko-P 10 beendet wurde (26. Juli 1969).

Rechts oben: Ebenfalls vom Bw Halberstadt kommt die 23 1074 für das genannte Eilzugpaar. 1978 beendete sie die aktive Dienstzeit im Bw Gera, dort ist sie auch heute wieder im Historischen Bahnbetriebswerk Gera untergestellt (24. Juli 1968).

Rechts unten: Eher selten waren P 8 in Berlin zu sehen, hier die 38 3470 vom Bw Jüterbog am 28. Mai 1967.

Oben: 52 3249 ist mit einem Steifrahmentender gekuppelt. Diese Bauform sparte Produktionszeit und Material. Nur sehr wenige Maschinen mit diesem Tender existierten noch Ende der 60er-Jahre (24. Juni 1969).

Links oben: Ebenfalls gegen Ende der 60er-Jahre war die Zahl der kohlegefeuerten 44er bereits stark geschrumpft. Weit entfernt von der Heimat rollt hier ein Exemplar dieser aussterbenden Gattung, 44 641 vom Bw Karl-Marx-Stadt, Richtung Schöneweide vorüber (August 1968).

Links unten: 50 4005 (Bw Wittenberge) ist eine Neubaulok der DR (Baujahr 1959, 13. Juli 1967).

Oben: 65 1088 (Bw Lichtenberg) erhielt wenige Monate nach dieser Aufnahme einen Giesl-Ejektor (Saugzuganlage als Schornsteinvariante zur Verbesserung der Wirtschaftlichkeit der Dampflok, 13. Juli 1967).

Links oben: 44 1093 (Bw Halle G), ebenfalls spätere Museumslok der DR, zuletzt planmäßig in Sangerhausen aktiv, ist heute im Museums-Bw Arnstadt untergebracht. Hinter ihr eine 01.5 Kohle (28. Juni 1969).

Links unten: 52 4924, eine soeben von Pankow nach Schöneweide umbeheimatete klassische Altbau-52, ist erhalten geblieben und im Sächsischen Eisenbahnmuseum in Chemnitz-Hilbersdorf zu sehen (13. Oktober 1969).

Fotostandpunkt Bösebrücke

Oben: 56 217, aus der 55 4347 umgebaute G 8.1, passiert den aufgelassenen S-Bahnhof Bornholmer Straße unter den Augen eher lässig dastehender Grenzsoldaten, Maschinengewehr über der Schulter (Mai 1964).

Links oben: Kriegsloks der BR 42 für den schweren Güterzugdienst waren schon in den 60er-Jahren selten anzutreffen. Die 42 809 (Bw Angermünde) war noch bis Juni 1967 im Einsatz. Die letzten Loks wurden 1969 in Pasewalk abgestellt (Mai 1964).

Links unten: 42 821 war fast 20 Jahre in Angermünde beheimatet. Hier unterquert sie gerade die Bösebrücke unter den Augen des Fotografen und eines westlichen Grenzbeamten (Mai 1964).

50 5020

Oben: 03 0046 strebt nach Norden. Der Zaun hat inzwischen die doppelte Höhe erreicht (3. Juli 1973).

Links oben: 41 298 (Bw Neustrelitz) ist Lz unterwegs Richtung Zentrum. Maschinen der BR 41 waren in Berlin sehr selten. Noch ist der Maschendrahtzaun kaum zu sehen (August 1966).

Links unten: 50 5020 (Bw Angermünde, ab 1970 umgenummert in 50 0020) auf dem Weg Richtung Heimat (August 1966).

Nächste Seite:

Oben: Im August 1966 ist 52 8136 (Bw Pankow) Lz Richtung Schönhauser Allee unterwegs, der junge Lokführer beobachtet aufmerksam die Strecke. Für jedermann sichtbar fährt hier eine Lok der Jugenddienstplangemeinschaft Pankow, einer Einrichtung der DR zur Ausbildung junger Eisenbahner. Jugendbrigaden gab es in der DDR in vielen Bereichen zur Unterstützung der Berufsanfänger.

Unten: Eine Lok der BR 35 strebt nordwärts. Der Zaun trennt das westliche von den östlichen Gütergleisen (August 1974).

Bos

4

Im Bahnbetriebswerk

Nach Kriegsende existierten in Berlin noch 13 Bahnbetriebswerke, 1952 waren es noch sieben und fast alle im Westen gelegenen Bw wurden geschlossen. 1965 gab es in Ost-Berlin noch vier Dampflok-Bw: Lichtenberg, Ostbahnhof, Pankow und Schöneweide. Karlshorst wurde zur Heimat der Triebzüge und Dieselloks. 1970 waren noch 130 Dampfloks in Berlin stationiert. 1976 setzte das Bw Ostbahnhof noch fünf Loks der BR 01.5 Kohle (01.1) und 01 Altbau (01.2) in Diensten nach Dresden, Frankfurt und Stettin ein, und erst im September 1979 endete hier auch der Plandienst mit Schnellzugmaschinen auf der Route nach Stettin. Die Loks wurden dann nach Schöneweide abgegeben, wo sie zu Heizzwecken bis zu ihrer weiteren Umsetzung nach Saalfeld (01 1512, 01 1518, 01 1514 ging vorher noch nach Stendal) verblieben. 01 1511 wurde nach Stendal und von dort nach Magdeburg umgesetzt. Das Bw Schöneweide setzte die meisten Dampfloks in Berlin ein und war auch Versorgungsstation für Loks anderer Bahnbetriebswerke. Im September 1983 stellte das Güterzug-Bw den Betrieb mit der BR 52 ein, hielt aber noch einige Loks für Sonderdienste bereit, die erst 1994 (vor dem bekannten „Gurkenzug“ nach Lübbenau) ausliefen. Das Bw Pankow war schon früh dampffrei geworden und setzte im Berichtszeitraum nur sporadisch noch eine Lok der BR 52 ein. Nach Auflösung des Bw Schöneweide 1994 erhielt Pankow wieder drei 52er-Loks, u.a. die 52 6666, die 1983 in den Museumslokpark der DR aufgenommen worden war. 1994 bespannte Pankow auch den sogenannten „Rheinsberger“, einen Ausflugszug von Lichtenberg nach Rheinsberg. Der östlich gelegene umfangreiche Rangierbahnhof war insbesondere für Güterzüge aus nördlicher Richtung der Zielbahnhof. Heute steht auf diesem Gelände ein Einkaufszentrum. Nachdem der reguläre Dampfbetrieb in Schöneweide ausgelaufen war, kamen aber noch bis Mitte der 80er-Jahre 52er aus Eberswalde, Angermünde, Cottbus, Wustermark und Frankfurt/Oder nach Berlin.

Das Bw Lichtenberg war bereits 1970 zu einer Einsatzstelle des Bw Ostbahnhof geworden, hatte aber nach wie vor die Bespannung und Unterhaltung der Schnellzugmaschinen zu besorgen. Stralsunder 03.10, 01.5 Kohle und 01 Altbau waren in den späten 70er-Jahren noch regelmäßig dort anzutreffen. Nachdem das Gelände 1999 von der DB nicht mehr benötigt wurde, ist dort das Projekt der Ateliergemeinschaft BLO-Ateliers mit dem bezeichnenden Namen „Lockkunst e.V.“ eingezogen. Das Bw Schöneweide, 1998 geschlossen, ist heute Domizil der Dampflokfreunde Berlin e.V. Das Bw Pankow ist eine Ruine, zwar denkmalgeschützt, doch mit unsicherer Perspektive. Das Bw Ostbahnhof wurde 2002 geschlossen und überbaut.

Einige interessante Bw-Aufnahmen stammen aus dem Archiv von Klaus Kieper, der am Stadtrand in Ahrensfelde wohnte und sich im DMV (Deutscher Modelleisenbahnverband) stark engagierte. Mit Fotogenehmigungen konnte er sich in den Bw frei bewegen, und man hat auch schon mal eine Lok für ihn aus dem Schuppen gezogen. Der Verfasser dankt dem Verwalter des Kieper-Archivs herzlich für die Bereitstellung der Bilder.

16
01 512
52 3630
64 1483-3

14

Oben: Das Bw Schöneweide war über Fußgängerbrücken von beiden Seiten zu erreichen. Von der von Osten heranführenden Brücke bot sich ein guter Überblick über das Betriebsgelände des Bw und den Rangierbahnhof. Am 31. Juli 1978 hat sich die Angermünder 50 0041 eingefunden, daneben warten Loks der BR 52 Alt und Reko auf weitere Einsätze.

Links oben: Die nur ein gutes Jahr in Schöneweide stationierte 01 512, 52 3630 (Bw Wustermark) und die Schöneweider 64 1483 stecken ihre Nasen leider nur ein wenig ins Sonnenlicht (17. Juli 1970).

Links unten: In den weiteren Ständen finden sich u.a. die Frankfurter 52 1746, die Ostbahnhofer 01 1516 sowie die beiden heimischen 52 8150 und 03 2117, die erst 1983 ausgemustert wurde.

Nächste Doppelseite:

Links oben: Die Lutherstadt Wittenberger 03 2155 hat ihre Vorräte in Schöneweide ergänzt und wird nun den Leerzug aus Lichtenberg zum P 3517 abholen (Mai 1978).

Links unten: Am 31. Juli 1978 ist die Lok wieder im Bw Schöneweide und wartet auf das Signal zum Befahren der Drehscheibe.

Rechts oben: 03 2098 (Bw Oebisfelde) ist mit einem Eilzug aus Stendal gekommen und steht nun am Kohlebansen in Schöneweide (August 1976).

Rechts unten: Zwischen Februar 1970 und 1971 gehörte die 01 2029 zum Bw Schöneweide, bevor sie ab März 1971 wieder zum Bw Ostbahnhof kam (Oktober 1970).

03 2155-4

03 2155-4

03 2098-6

03 2098-6

Oben: 35 1099 aus Lutherstadt Wittenberg steht am Schöneweider Lokschuppen und wartet auf das Signal zum Ausrücken (August 1972).

Links oben: Auf die Rückleistung nach Stendal wartet die Oebisfelder 03 2098 im Bw Schöneweide nach dem Ergänzen der Vorräte, hinter ihr drei Arbeitstiere der BR 52 Alt. 03 2098 blieb beim Bw Güsten nach ihrer Abstellung im November 1978 erhalten und befindet sich heute im Technikmuseum Speyer (17. Juli 1976).

Links unten: 52 6358 (Bw Schöneweide) an der heimischen Bekohlungsanlage (17. Juli 1970).

Nächste Doppelseite: Das Bw Lichtenberg

Links oben: Wir wechseln das Bw und sind nun in Lichtenberg. An 01 1511 wird gerade eine Reparatur am Schieberkasten vorgenommen, 03 0046 wartet auf die Rückleistung nach Stralsund und hinter ihr steht 01 2165 (Juli 1977).

Links unten: 03 2058 (Bw Leipzig Hbf West) hat Kohle und Wasser genommen und wird jetzt in den Schuppen „gedreht" (Juli 1977).

Rechts: Zwei Bilder eines Exemplars vom Typ „ELNA 5", von der DR eingereiht unter der BR 91, hier die 91 6176. Für den Fotografen wurde das Schmuckstück wenige Monate vor seiner Ausmusterung aus dem Schuppen gezogen. Ursprünglich gebaut war die Lok für die Mecklenburgische Bäderbahn AG (28. Juni 1978).

01 1511-3
03 0046-7

03 2058-0

91 6176

91 6176

Oben: 52 2539 (Bw Elsterwerda) in Lichtenberg am 28. Juni 1968. Die Lok ist mit einem K4T30-Steifrahmentender (Bauart Floridsdorf) gekuppelt.

Rechts oben: Auf den Freigleisen des ehemaligen Berliner Schuppens (hinterer Lokschuppen) hat sich eine illustre Runde von Dampfrössern eingefunden: vier BR 65, zwei BR 35 und eine P 8 (26. August 1968).

Rechts unten: 55 4602 rückt zum Rangierdienst im Lichtenberger Bahnhof aus (26. August 1968).

Nächste Doppelseite:

Links oben: 38 4009 (Bw Frankfurt/Oder) pausiert in Lichtenberg (26. Juni 1968).

Links unten: 22 077 (Bw Karl-Marx-Stadt Hbf) ist mit einem Städteschnellzug nach Berlin gekommen. Dieser aus der BR 39 entwickelten Rekonstruktion waren gerade einmal zehn Jahre Betriebsdienst beschieden, bereits 1971 wurde die letzte 39.10 (neues Nummernschema) in Saalfeld abgestellt (April 1966).

Rechts: Zwei Bilder aus dem Bw Ostbahnhof: 01 512, links daneben lugt noch 93 037 hervor, auf dem Bild darunter 01 226, 01 165, dahinter 01.5 Kohle und eine weitere Altbau-01 (2. Mai 1970).

55 4602

W

W
22 077
DR

01 512

01 226
01 165

Oben: Blick auf das Bw Pankow-Heinersdorf mit 64 185 und 52 6922. Vor dem Rundlokschuppen mit innenliegender Drehscheibe zwei weitere 52er.

Links oben: 52 6666 hat Weichenheizdienst am Bw Pankow und 52 1360 rückt ins Betriebswerk ein. Beide Loks gibt es heute noch, die 1360 (bis 1987 Bw Schöneweide) sogar betriebsfähig bei der IGE Werrabahn Eisenach e.V. und die 6666 nach wie vor in Berlin, Schöneweide (8. März 1980).

Links unten: 52 3546 (Bw Schöneweide) und weitere Schwestern im Gleisvorfeld des Bw Pankow.

Nächste Seite:

Oben: Noch einmal ein Blick von der Blechträgerbrücke am Bw auf die rechte Seite des Stellwerks mit 52 6400, die generalreparierte Neubrandenburger 52 6712 und 52 3546 (August 1966).

Unten: Den Abschluss macht ein besonderes Exemplar aus dem Norden Berlins. 1941 lieferte Borsig 1D1 Tenderlokomotiven an die Niederbarnimer Eisenbahn. Ab 1957 waren alle Maschinen in Basdorf („Heidekrautbahn") beheimatet. Die DR reihte sie in die BR 93 6678-83 ein. 93 6679, Oranienburg, 1. März 1968.

52 3546

93 6679

Bildnachweis

Volker Fröhmer: S. 35 u, 36 u, 40 o, 44 o, 45 o, 56, 57, 61, 62 u, 64 u, 75–77, 118 o;
Helmut Dahlhaus: S. 2, 8, 9, 10 o, 11, 18 o, 27, 28 o, 29, 30 u, 40 o, 60, 62 o, 63, 71, 78–86;
Klaus Kieper (†): S. 23 u, 24 o, 25 o, 39 o, 43, 46 o, 47 o, 50 o, 51, 54, 65–70, 72, 88, 106, 110 u, 111–116, 120 u;
Bildarchiv VGB: S. IV u, 6, 12, 14, 15, 16 o, 23 o, 24 u, 28 u, 31, 34 o, 38 u, 39 u, 41, 42, 48 o, 49 u, 100, 101, 108 o, 117, 118 u, 119, 120 o;
Dietrich Richter: S. 90–99;
Eberhard Kuckert: S. 34 u, 37 o, 46 u, 107, 108 u;
Thomas Böttger: S. 87.
Alle weiteren Bilder stammen aus der Sammlung des Autors.

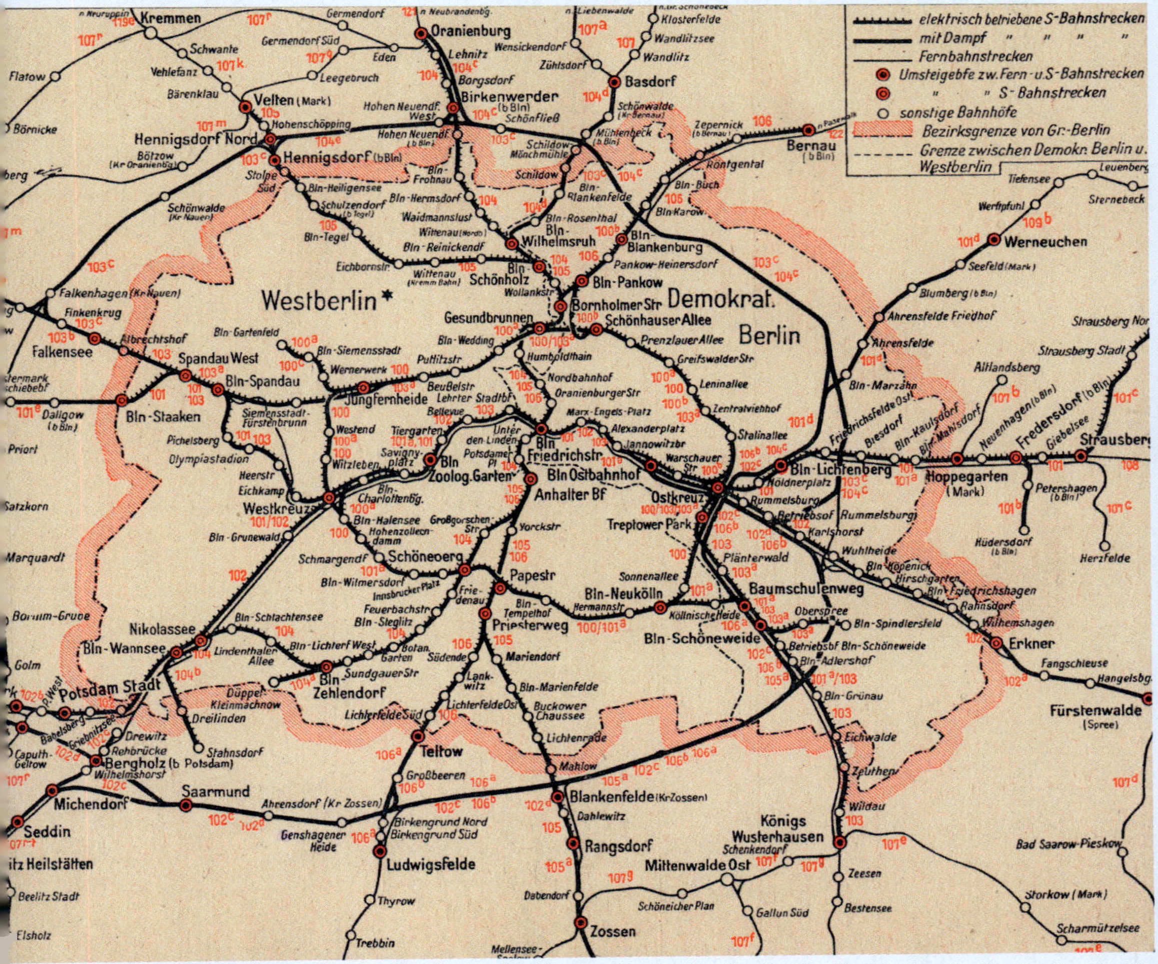

Streckenkarte zum Berliner S-Bahn-Verkehr, DR-Kursbuch Sommer 1961.

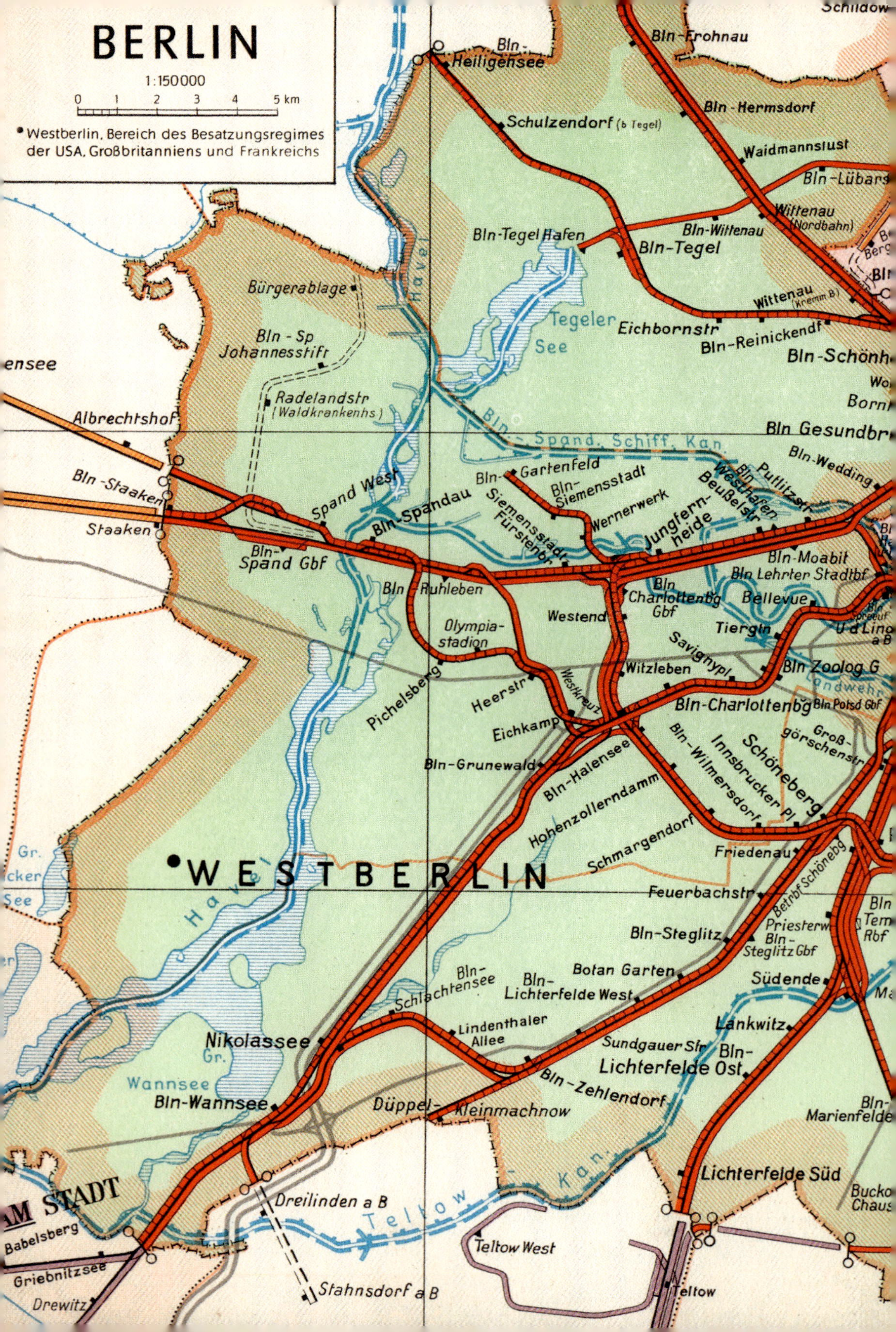
BERLIN
1:150000
0 1 2 3 4 5 km
• Westberlin, Bereich des Besatzungsregimes der USA, Großbritanniens und Frankreichs
Bln-Heiligensee
Bln-Frohnau
Bln-Hermsdorf
Schulzendorf (b Tegel)
Waidmannslust
Bln-Lübars
Wittenau (Nordbahn)
Bln-Wittenau
Bln-Tegel Hafen
Bln-Tegel
Bürgerablage
Bln-Sp Johannesstift
Radelandstr (Waldkrankenhs)
Tegeler See
Eichbornstr
Wittenau (Kremm B)
Bln-Reinickendf
Havel
Albrechtshof
Bln-Staaken
Staaken
Bln-Spand. Schiff. Kan.
Bln Gesundbr
Bln-Wedding
Putlitzstr
Westhafen
Bln-Beußelstr
Bln-Gartenfeld
Bln-Siemensstadt
Wernerwerk
Jungfernheide
Spand West
Bln-Spandau
Siemensstadt Fürstenbr
Bln-Spand Gbf
Bln-Ruhleben
Bln-Moabit
Bln Lehrter Stadtbf
Bln Charlottenbg Gbf
Bellevue
Westend
Tiergtn
Olympiastadion
Savignypl
Witzleben
Bln Zoolog G
Landwehr
Pichelsberg
Heerstr
Westkreuz
Bln-Charlottenbg
Bln Potsd Gbf
Eichkamp
Großgörschenstr
Schöneberg
Bln-Grunewald
Bln-Halensee
Bln-Wilmersdorf
Innsbrucker Pl
Hohenzollerndamm
Schmargendorf
Friedenau
Betrbf Schöneberg
WESTBERLIN
Feuerbachstr
Bln-Steglitz
Priesterw
Bln-Steglitz Gbf
Bln Temp Rbf
Havel
Bln-Schlachtensee
Bln-Lichterfelde West
Botan Garten
Südende
Lindenthaler Allee
Lankwitz
Nikolassee
Gr. Wannsee
Sundgauer Str
Bln-Lichterfelde Ost
Bln-Zehlendorf
Bln-Wannsee
Düppel-Kleinmachnow
Bln-Marienfelde
Teltow Kan.
Lichterfelde Süd
Dreilinden a B
Babelsberg
Griebnitzsee
Teltow West
Drewitz
Stahnsdorf a B
Teltow